500kV 架空输电线路巡视
典型缺陷及处理方法

张景辉　付智江　编著

500kV JIAKONG SHUDIAN XIANLU XUNSHI
DIANXING QUEXIAN JI CHULI FANGFA

U0381659

中国电力出版社
CHINA ELECTRIC POWER PRESS

内 容 提 要

为了提高 500kV 输电线路运维人员发现、评判和处理缺陷及隐患的业务能力，河北省送变电有限公司参照电力行业相关规程和国家电网有限公司有关制度等相关要求，结合 500kV 输电线路运维特点，编著了《500kV 架空输电线路巡视典型缺陷及处理方法》一书。本书涵盖了输电线路导线、光缆、地线、铁塔、绝缘子、金具、基础及线路走廊等结构部分的缺陷判定和处理方法，同时配合大量图片进行直观地说明，为 500kV 输电线路运维人员运维工作提供了帮助。本书适用于 500kV 输电线路运维人员阅读。

图书在版编目（CIP）数据

500kV 架空输电线路巡视典型缺陷及处理方法／张景辉，付智江编著 .—北京：中国电力出版社，2019.11（2023.3重印）
ISBN 978-7-5198-4046-4

Ⅰ.① 5… Ⅱ.①张…②付… Ⅲ.①架空线路－输电线路－故障诊断
Ⅳ.① TM726.3
中国版本图书馆 CIP 数据核字（2019）第 265265 号

出版发行：中国电力出版社
地　　址：北京市东城区北京站西街 19 号（邮政编码 100005）
网　　址：http：//www.cepp.sgcc.com.cn
责任编辑：谭学奇
责任校对：朱丽芳
装帧设计：张俊霞
责任印制：吴　迪

印　　刷：北京瑞禾彩色印刷有限公司
版　　次：2019 年 12 月第一版
印　　次：2023 年 3 月北京第二次印刷
开　　本：880 毫米 ×1230 毫米　32 开本
印　　张：3.5
字　　数：79 千字
印　　数：1501—2000 册
定　　价：49.00 元

　　500kV 高压架空输电线路是构成区域电网和跨省电网的重要组成部分，担负着地区供电的主要任务，关系着地区国民经济发展。500kV 高压架空输电线路的缺陷和隐患如不能及时消除或控制，将直接危及电网安全稳定运行。

　　本书由河北省送变电有限公司输电线路运维检修专业人员根据实际运维经验编写。书中依据电力行业的相关规程规范和国家电网有限公司有关制度，分析研判缺陷和隐患，同时给各类缺陷和隐患配了翔实的实例照片和文字说明，便于运维人员认知，同时提出了处理方法。

　　本书旨在为广大 500kV 高压架空输电线路运维员工提供直观的缺陷、隐患认知参考，方便 500kV 高压架空输电线路运维员工正确判断和记录，快速指导缺陷消除工作。

　　希望本书能够为 500kV 高压架空输电线路安全稳定运行，确保电网安全做出贡献。

编著者

2019 年 9 月

目 录
CONTENTS

前言

第一章　基础　　　　　　　　　　　　　　　　　　001
　　第一节　铁塔及拉线基础……………………………002
　　第二节　保护帽………………………………………016

第二章　铁塔　　　　　　　　　　　　　　　　　　017
　　第一节　铁塔塔身……………………………………018
　　第二节　铁塔拉线……………………………………027

第三章　导地线　　　　　　　　　　　　　　　　　029
　　第一节　导地线………………………………………030
　　第二节　光缆…………………………………………038

第四章　绝缘子　　　　　　　　　　　　　　　　　041
　　第一节　瓷质绝缘子…………………………………042
　　第二节　玻璃绝缘子…………………………………050
　　第三节　复合绝缘子…………………………………053
　　第四节　悬式绝缘子…………………………………057

第五章　金具　　　　　　　　　　　　　　　　　　059
　　第一节　悬垂金具……………………………………060
　　第二节　耐张金具……………………………………063
　　第三节　联接金具……………………………………068
　　第四节　保护金具……………………………………073
　　第五节　接续金具……………………………………078

第六章　接地装置 　　　　　　　　　　　　081

第七章　通道环境 　　　　　　　　　　　　091

第八章　附属设施 　　　　　　　　　　　　099

　第一节　标志牌 100

　第二节　其他 102

第一章　基础

◎ 本章对铁塔本体和拉线的基础
可能发生的缺陷进行描述

◎ 基础常见的缺陷有破损、沉降、
上拔、堆积、冲刷等

第一节 铁塔及拉线基础

一、基础破损

1. 缺陷描述

基础破损、钢筋外露、基础裂缝。

2. 缺陷判定

基础混凝土表面有较大面积水泥脱落、蜂窝、露石或麻面，基础有钢筋外露为一般缺陷。

阶梯式基础阶梯间出现裂缝为严重缺陷。

3. 处理方法

一般缺陷时对基础进行加固、修补。

严重缺陷时提出大修计划，并加强巡视，密切关注，对基础进行临时加固，防止出现倒塔事故。

基础破损致使钢筋外露

基础裂缝

二、基础沉降

1. 缺陷描述

基础沉降，造成铁塔变形。

2. 缺陷判定

基础轻微沉降为一般缺陷。

基础不均匀沉降，造成杆塔轻微倾斜、变形、位移为严重缺陷。

3. 处理方法

加强巡视，密切关注，检查基础沉降是否恶化，必要时对基础进行临时加固，提出大修计划。

基础沉降

基础沉降造成铁塔变形

三、基础上拔

1. 缺陷描述

基础上拔，造成铁塔倾斜、位移。

2. 缺陷判定

基础轻微上拔为一般缺陷。

基础严重变形，造成铁塔轻微倾斜、位移为严重缺陷。

基础严重变形，造成铁塔严重倾斜、位移为危急缺陷。

3. 处理方法

一般缺陷时密切关注上拔基础，检查是否恶化。

严重、危急缺陷时设置临时拉线，并立即申请停电检修。

基础上拔

1. 缺陷描述

基础回填土高度不够。

2. 缺陷判定

坑口回填土低于地面为一般缺陷。

坑口回填土低于地面，且严重不足为严重缺陷。

3. 处理方法

及时回填至地面高度并夯实，设置防沉层。

基础回填不够

雨水、河道内冲刷致使基面下降

五、基础及拉线被取土

1. 缺陷描述
基础及拉线保护范围内被人为取土。

2. 缺陷判定
铁塔基础及拉线被取土高度 30cm 以下为一般缺陷。

铁塔基础及拉线被取土高度 30~60cm 为严重缺陷。

铁塔基础及拉线被取土高度 60cm 以上为危急缺陷。

塔基保护范围内取土（一）

塔基保护范围内取土（二）

3. 处理方法
一般缺陷进行回填夯实。

严重、危急缺陷立刻组织抢修，采取先打拉线稳固，补土逐层夯实修补，并经检测合格。

六、基础上有余土、杂物堆积

1. 缺陷描述

基础上有余土、杂物堆积，铁塔附近有易燃易爆物堆积。

2. 缺陷判定

植物搭棚、杂物堆积、余土堆积、基础稳固受轻微影响为一般缺陷。

铁塔基础附近有易燃易爆物堆积为严重缺陷。

铁塔倾斜、变形等严重影响基础稳固为危急缺陷。

3. 处理方法

一般缺陷时及时清理余土杂物。

严重、危急缺陷时立即将影响线路运行的易燃易爆物，或其他杂物移至线路保护区外，并对受影响的塔材、基础进行修复。

杂物覆盖塔基

塔基附近易燃易爆物品

塔基堆物造成铁塔辅材变形

七、塔基被冲刷

1. 缺陷描述

基础保护范围内被冲刷。

2. 缺陷判定

基础稳定受轻微影响为一般缺陷。

基础稳定受明显影响为严重缺陷。

基础稳定受严重影响，基础外露、倾斜或位移为危急缺陷。

塔基被冲刷

3. 处理方法

一般缺陷时设置排水沟，积水较多时，用排水泵排水，并进行植被恢复。

严重、危急缺陷时对基础进行临时加固，排水完成之后，修建护坡、挡土墙。

塔基被冲刷致使回填土沉降

八、基础边坡距离不足

1. 缺陷描述

基础边坡距离不足，基础稳定受影响。

2. 缺陷判定

基础稳定受轻微影响为一般缺陷。

基础稳定受明显影响为严重缺陷。

基础边坡距离严重不足，基础立柱外露，倾斜为危急缺陷。

3. 处理方法

一般缺陷时应加强巡视，防止情况恶化。

严重、危急缺陷时对基础、铁塔进行临时加固后，报大修技改计划，修筑护坡。

塔基被冲刷致使边坡距离不足

塔基被冲刷导致铁塔倾覆

九、基础护坡倒塌

1. 缺陷描述

基础护坡破损、损坏、损毁。

2. 缺陷判定

基础护坡破损，造成少量水土流失为一般缺陷。

基础护坡损坏，造成大量水土流失为严重缺陷。

基础护坡倒塌

基础护坡损毁，造成严重水土流失，危及杆塔安全运行；处于防洪区域内的杆塔未采取防洪措施；基础不均匀沉降或上拔为危急缺陷。

3. 处理方法

一般缺陷时对护坡进行补修。

严重、危急缺陷时补修原护坡，并请设计部门出具新的设计方案，报大修技改计划，重新修筑护坡。

十、基础防洪设施倒塌

1. 缺陷描述

基础防洪设施破损、损坏、损毁。

2. 缺陷判定

防洪设施破损，造成少量水土流失为一般缺陷。

防洪设施损坏，造成大量水土流失为严重缺陷。

基础防洪设施倒塌（一）

防洪设施损毁，造成严重水土流失，危及杆塔安全运行；处于防洪区域内的杆塔未采取防洪措施；基础不均匀沉降或上拔为危急缺陷。

3. 处理方法

将基础内积水排出，一般缺陷时对防洪设施进行补修。

基础防洪设施倒塌（二）

严重、危急缺陷时，补修原防洪设施，并请设计部门出具新的设计方案，报大修技改计划，重新修筑防洪设施。

十一、基础立柱被淹

1. 缺陷描述

基础立柱高度低于规定值。

2. 缺陷判定

位于河滩和内涝积水中的基础立柱露出地面高度低于 5 年一遇洪水位高程，杆塔基础位于水田中的立柱低于最高水面为一般缺陷。

3. 处理方法

及时排出基础内积水，如经常积水并对基础和铁塔造成安全隐患时，报大修技改计划，修筑防洪设施。

基础立柱被淹

十二、基础防碰撞设施损坏

1. 缺陷描述

基础防碰撞设施警告标识不清或缺失，基础防碰撞设施损坏。

2. 缺陷判定

防碰撞设施警告标识不清晰或缺失，防碰撞设施损坏，尚能发挥防碰撞作用为一般缺陷。

防碰撞设施缺失或损坏，失去防碰撞作用为严重缺陷。

基础防碰撞设施损坏

3. 处理方法

一般缺陷时对基础防撞设施进行加固，修补。

严重缺陷时补修防撞设施，对基础进行临时防护，提出大修计划，修筑新防撞设施。

十三、铁塔拉线基础回填不足或基础沉降

1. 缺陷描述

铁塔拉线基础回填土有沉降现象。

2. 缺陷判定

坑口回填土低于地面，有轻微沉降为一般缺陷。

坑口回填土低于地面，有严重沉降为严重缺陷。

3. 处理方法

对拉线基础回填至地面高度，并进行夯实。

铁塔拉线基础回填不足或基础沉降

十四、铁塔拉线埋深不足

1. 缺陷描述

拉线基础埋深低于设计值。

2. 缺陷判定

拉线基础埋深低于设计值 20~40cm 为一般缺陷。

拉线基础埋深低于设计值 40~60cm 为严重缺陷。

拉线基础埋深低于设计值 60cm 以上或外露为危急缺陷。

铁塔拉线埋深不足

3. 处理方法

一般缺陷时对拉线进行深埋并夯实。

严重、危急缺陷时设置临时拉线，重新埋设拉线至设计深度并夯实。

第二节 保护帽

保护帽破损

1. 缺陷描述

保护帽破损，保护帽散水度不足，存在浇制缺陷。

2. 缺陷判定

保护帽破损、表面无散水度或散水度不足、渗水、出现裂缝为一般缺陷。

浇制不全、未浇制为严重缺陷。

3. 处理方法

一般缺陷时进行补修。

严重缺陷或保护帽损坏数量较多时，报大修技改计划，重新浇筑。

基础保护帽散水度不足

基础保护帽破损

第二章 铁塔

◎ 本章对铁塔塔身的缺陷进行
描述

◎ 铁塔常见的缺陷有塔材丢失、
变形、螺栓缺失、脚钉变形、
脚钉缺失等

第一节 铁塔塔身

一、铁塔塔身倾斜

1. 缺陷描述

铁塔塔身倾斜，铁塔塔身倾覆。

2. 缺陷判定

铁塔全高 50m 以下，倾斜度 10‰~15‰；铁塔全高 50m 以上，倾斜度 5‰~10‰，为一般缺陷。

铁塔全高 50m 以下，倾斜度 15‰~20‰；铁塔全高 50m 以上，倾斜度 10‰~15‰，为严重缺陷。

铁塔全高 50m 以下，倾斜度 ≥ 20‰；铁塔全高 50m 以上，倾斜度 ≥ 15‰，为危急缺陷。

3. 处理方法

一般缺陷时进行观察复测，防止进一步恶化。

严重、危急缺陷时设置拉线进行加固，立即上报，并报大修技改计划，对塔材进行补强或改造。

直线塔塔身倾斜

耐张塔塔身倾斜

铁塔塔身倾覆

二、铁塔塔身有异物

1. 缺陷描述

铁塔塔身有异物。

2. 缺陷判定

异物悬挂，但不影响安全运行为一般缺陷。

异物悬挂，影响安全运行为严重缺陷。

异物悬挂，危及安全运行为危急缺陷。

3. 处理方法

一般缺陷在线路停电检修时进行处理。

严重、危急缺陷使用激光异物处理器或办理电力线路第二种工作票，登塔带电作业清除异物。

塔身有鸟窝

铁塔塔身悬挂塑料布

三、铁塔塔身锈蚀

1. 缺陷描述

镀锌层失效，塔身锈蚀严重。

2. 缺陷判定

镀锌层失效，有轻微锈蚀为一般缺陷。

锈蚀很严重、大部分辅材、螺栓和节点板剥壳为严重缺陷。

3. 处理方法

一般缺陷清理锈蚀面、镀锌、喷漆做防锈处理。

严重缺陷需要更换塔材。

铁塔塔身锈蚀

四、铁塔塔身横担歪斜

1. 缺陷描述

横担歪斜，内外均出现坑洼、鼓包。

2. 缺陷判定

歪斜度 1%~5% 为一般缺陷。

内外均出现坑洼、鼓包现象，歪斜度 5%~10% 为严重缺陷。

歪斜度大于 10% 为危急缺陷。

3. 处理方法

一般缺陷进行临时加固。

严重缺陷、危急缺陷报大修技改计划，更换。

铁塔塔身横担歪斜（一）

铁塔塔身横担歪斜（二）

五、铁塔塔身缺螺栓

1. 缺陷描述

缺少螺栓，螺栓松动，防盗防外力
破坏设施缺失。

2. 缺陷判定

缺少少量螺栓，螺栓松动 10% 以下；
防盗防外力破坏措施失效或设施缺失为
一般缺陷。

缺少较多螺栓，螺栓松动 10%~15%
为严重缺陷。

缺少大量螺栓，螺栓松动 15% 以
上，地脚螺母缺失为危急缺陷。

铁塔塔身缺螺栓

3. 处理方法

及时补充螺栓，并进行紧固达
到设计要求。

六、铁塔塔材丢失

1. 缺陷描述

缺少辅材、节点板，缺少防盗防外力破坏设施。

2. 缺陷判定

缺少少量辅材，防盗防外力破坏措施失效或设施缺失为一般缺陷。

缺少较多辅材或个别节点板为严重缺陷。

缺少大量辅材或较多节点板为危急缺陷。

3. 处理方法

一般缺陷补充安装。

严重缺陷采取临时加固措施，申请采购计划，按照加工图生产塔材，并及时进行安装。

危急缺陷立刻采取临时加固，立刻汇报并调集代用材料进行加固，并上报塔加工计划，及时进行补充安装。

铁塔塔材丢失（一）

铁塔塔材丢失（二）

七、铁塔塔身部分有灼伤、裂纹

1. 缺陷描述

辅材变形、主材弯曲。

2. 缺陷判定

辅材变形或主材弯曲度 2‰~5‰辅材有裂纹，主材无裂纹为一般缺陷。

主材弯曲度 5‰~7‰，主材或重要受力塔材，有裂纹为严重缺陷。

主材弯曲度大于 7‰为危急缺陷。

3. 处理方法

一般缺陷时喷镀锌漆防锈。

严重、危急缺陷时设置临时拉线或对塔材进行临时加固，报大修技改计划，对问题塔材及时更换。

铁塔塔身灼伤

铁塔塔身变形

八、铁塔脚钉缺少、锈蚀变形

1. 缺陷描述

铁塔缺少脚钉，脚钉锈蚀、变形。

2. 缺陷判定

脚钉缺少、锈蚀、变形为一般缺陷。

3. 处理方法

清理锈蚀面，镀锌、喷漆做防锈处理，对缺少的脚钉进行补充。

铁塔脚钉缺失

铁塔脚钉锈蚀

九、铁塔爬梯缺损、锈蚀、变形

1. 缺陷描述

铁塔爬梯缺损、锈蚀、变形，爬梯
缺失。

2. 缺陷判定

爬梯缺少、锈蚀、变形为一般缺陷。

爬梯缺失或严重受损，构成明显危
险，无法攀爬；爬梯内外均有锈蚀，出
现坑洼、鼓包现象为严重缺陷。

3. 处理方法

一般缺陷清理锈蚀面，镀锌、
喷漆做防锈处理，对缺少的爬梯进
行补充修复。

严重缺陷时更换爬梯。

铁塔爬梯变形（一）

铁塔爬梯变形（二）

第二节　铁塔拉线

一、铁塔拉线锈蚀、损伤、松弛

1. 缺陷描述

铁塔拉线锈蚀、损伤、松弛，UT 线夹受损。

2. 缺陷判定

锈蚀、断股小于 7% 截面；摩擦或撞击；受力不均、应力超出设计要求；UT 线夹被埋或安装错误，不满足调节需要或缺少一颗双帽；UT 线夹损伤超过截面 20%~25% 为一般缺陷。

铁塔拉线锈蚀、损伤、松弛

锈蚀、断股 7%~17% 截面；UT 线夹缺少两颗双帽；UT 线夹锈蚀，损伤超过截面 25%~30%，拉线张力不均匀，严重松弛为严重缺陷。

锈蚀、断股截面大于 17%；UT 线夹任一螺杆上无螺帽；UT 线夹损伤超过截面 30% 为危急缺陷。

3. 处理方法

对一般缺陷涂沥青漆、喷镀锌漆，防锈处理。

严重缺陷、危急缺陷增设临时拉线，报大修技改计划，更换拉线或进行改造。

二、铁塔拉线棒锈蚀

1. 缺陷描述

铁塔拉线棒锈蚀严重。

2. 缺陷判定

拉线棒锈蚀不超过设计截面 25% 为一般缺陷。

拉线棒锈蚀超过设计截面 30% 以上为严重缺陷。

3. 处理方法

一般缺陷时用钢刷除锈，涂沥青漆防锈。

严重缺陷时增设临时拉线，报大修技改计划，更换拉线或进行改造。

铁塔拉线棒锈蚀

第三章　导地线

◎ 本章对导线、地线和光缆的
　缺陷进行描述
◎ 导地线常见的缺陷有散股、断
　股、断线、弧垂偏差、悬挂异
　物等

第一节　导地线

一、导地线出口处断股

1. 缺陷描述

导地线压接骨出口处出现断股。

2. 缺陷判定

导地线出口处断股情况为危急缺陷。

3. 处理方法

　　在导地线出口处出现断股时，立刻申请停电，重新压接。

导地线压接骨出口处断股

二、导地线（引流线）断股

1. 缺陷描述

导线铝股或合金股损伤，钢芯断股。

2. 缺陷判定

导线损伤截面不超过铝股或合金股总面积 7% 为一般缺陷。

导线损伤截面占铝股或合金股总面积 7%~25% 为严重缺陷。

导线钢芯断股、损伤截面超过铝股或合金股总面积 25% 为危急缺陷。

3. 处理方法

一般缺陷时使用补修管或护线条缠绕。

严重缺陷或危急缺陷临时停电，使用补修管补修，或更换导地线。

导地线（引流线）断股（一）

导地线（引流线）断股（二）

三、导地线（引流线）损伤

1. 缺陷描述

导线磨损、地线损伤。

2. 缺陷判定

铝、铝合金单股损伤深度小于股直径的 1/2，导线损伤截面不超过铝股或合金股总面积 5%，单金属绞线损伤截面积为 4% 及以下为一般缺陷。

导线损伤截面占铝股或合金股总面积 7%~25% 为严重缺陷。

导线钢芯断股、损伤截面超过铝股或合金股总面积 25% 为危急缺陷。

3. 处理方法

一般缺陷可使用圆锉铲除飞边，0 号砂纸打磨平整、光滑。

严重缺陷可采用同规格的导线对损伤的部位进行绑缠，绑缠长度要超出受伤部位两端各 30mm。

危急缺陷可采用补修管对其进行补修，但补线管长度要超出受伤部位两端各 30mm。

导线磨损

地线损伤

四、导地线（引流线）散股、跳股

1. 缺陷描述

导地线（引流线）出现散股、跳股。

2. 缺陷判定

导地线（引流线）出现散股、跳股等情况为一般缺陷。

3. 处理方法

一般情况下不作处理，加强巡视，密切观察，防止情况恶化；在情况严重并出现断股时，进行补修或停电更换导线。

地线散股

导线散股

五、补修绑扎线松散

1. 缺陷描述

补修绑扎线松散，失去绑扎功能。

2. 缺陷判定

少部分松散为一般缺陷。

大部分或全部松散，失去绑扎功能为严重缺陷。

补修绑扎线松散

3. 处理方法

一般缺陷进行重新绑扎固定。

严重缺陷更换补修条。

六、子导线鞭击、扭铰、粘连

1. 缺陷描述

子导线出现鞭击、扭铰、粘连现象。

2. 缺陷判定

一般情况的子导线鞭击、子导线粘连为严重缺陷。

严重情况的子导线鞭击、子导线扭铰为危急缺陷。

3. 处理方法

子导线发生鞭击时需要对相应子导线进行松弛或收紧调整。子导线发生扭铰、粘连时一般利用绝缘绳向子导线扭转反方向施加拉力即可恢复，如无法调整需在线路停电后将反转段导线落下，拆除间隔棒后逐线调整。

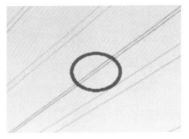

子导线鞭击

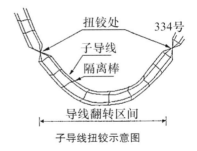

子导线扭铰示意图

七、导地线（引流线）异物悬挂

1. 缺陷描述

导地线（引流线）悬挂异物。

2. 缺陷判定

异物悬挂，但不影响安全运行为一般缺陷。

异物悬挂，影响安全运行为严重缺陷。

异物悬挂，危及安全运行为危急缺陷。

3. 处理方法

此类缺陷一般应立即处理。根据悬挂异物的位置可利用激光异物清除机、喷火无人机或人员办理第二种工作票后穿着屏蔽服登塔等方式处理。

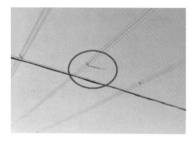

导线异物上线（一）

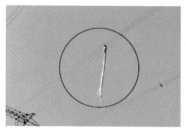

导线异物上线（二）

导线异物上线（三）

八、子导线断线

1. 缺陷描述

子导线（地线、引流线）断线。

2. 缺陷判定

子导线断线未造成事故为危急缺陷。

3. 处理方法

首先，停电；然后，根据断线原因分析，选择进行接续导线或更换导线；最后，重新进行导线展放、挂线等操作，完成恢复导线工作。

倒塔导致子导线及地线断线

子导线断线

第二节 光缆

一、光缆（地线）锈蚀

1. 缺陷描述

光缆（地线）锈蚀，表面有明显锈斑、坑洼等现象。

2. 缺陷判定

表面有明显锈斑为一般缺陷。

出现坑洼、鼓包、起壳、掉渣等现象为严重缺陷。

3. 处理方法

一般缺陷不作处理。

严重缺陷时报大修技改计划更换地线（光缆）。

地线锈蚀（一）

地线锈蚀（二）

二、光缆附件松动、变形、损伤、丢失、接线盒脱落

1. 缺陷描述

附件松动、变形，附件损伤、丢失，接线盒脱落。

2. 缺陷判定

附件松动、变形为一般缺陷。

附件损伤、丢失，接线盒脱落为严重缺陷。

3. 处理方法

对一般缺陷进行重新固定。

对严重缺陷应重新更换安装附件、安装接头盒。

附件损伤

光缆接线盒松动

第四章　绝缘子

◎　本章对绝缘子的缺陷进行描述

◎　绝缘子常见的缺陷有污秽、破
　　损、开裂、自爆、伞裙灼伤，
　　金属锈蚀、销钉缺失或松脱

第一节　瓷质绝缘子

一、绝缘子污秽

1. 缺陷描述

绝缘子表面污秽严重。

2. 缺陷判定

绝缘子表面污秽严重，测量值超过绝缘配置要求值为一般缺陷。

3. 处理方法

使用蒸馏水或去离子水清洗，憎水性失效时，上报技改大修计划，重新喷涂。

绝缘子污秽（一）

绝缘子污秽（二）

二、绝缘子灼伤

1. 缺陷描述

绝缘子均压环锈蚀，表面有明显灼伤痕迹。

2. 缺陷判定

均压环部分锈蚀、个别绝缘子表面有明显灼伤痕迹为一般缺陷。

部分绝缘子表面有明显灼伤痕迹为严重缺陷。

3. 处理方法

一般缺陷时待线路停电检修时进行更换。

严重缺陷时办理电力线路第二种工作票，利用换瓶器等工具更换不合格绝缘子。

绝缘子灼伤（一）

绝缘子灼伤（二）

三、绝缘子钢脚变形

1. 缺陷描述

绝缘子钢脚出现变形现象。

2. 缺陷判定

钢脚轻微变形为一般缺陷。

钢脚明显变形为严重缺陷。

3. 处理方法

一般缺陷在线路停电检修时进行更换。

严重缺陷时办理电力线路第二种工作票，利用换瓶器等工具更换不合格绝缘子。

绝缘子钢脚变形（一）

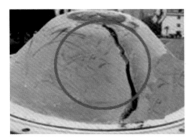

绝缘子钢脚变形（二）

四、绝缘子锈蚀

1. 缺陷描述

钢脚镀锌层腐蚀、变形，铁帽镀锌层锈蚀。

2. 缺陷判定

钢脚镀锌层损失，颈部开始腐蚀为一般缺陷。

绝缘子铁帽镀锌层严重锈蚀起皮；钢脚锌层严重腐蚀在颈部出现沉积物，颈部直径明显减少，或钢脚头部变形为严重缺陷。

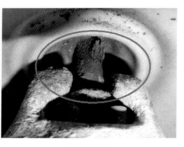

绝缘子锈蚀

3. 处理方法

一般缺陷不作处理，加强观察，待停电检修时处理。

严重缺陷办理电力线路第二种工作票，利用换瓶器等工具对不合格绝缘子进行更换。

五、绝缘子破损

1. 缺陷描述

绝缘子瓷件釉面出现破损。

2. 缺陷判定

个别绝缘子瓷件釉面出现破损（瓷件釉面出现单个面积 $200mm^2$ 以上的破损或多个面积较小的破损）为一般缺陷。

部分绝缘子瓷件釉面出现破损（瓷件釉面出现多个面积 $200mm^2$ 以上的破损或瓷件表面出现裂纹）为严重缺陷。

绝缘子破损

3. 处理方法

一般缺陷不作处理，加强观察，待停电检修时处理。

严重缺陷办理电力线路第二种工作票，利用换瓶器等工具对不合格绝缘子进行更换。

六、绝缘子锁紧销缺损

1. 缺陷描述

锁紧销锈蚀、变形、断裂、缺失、失效。

2. 缺陷判定

锁紧销锈蚀、变形为一般缺陷。

锁紧销断裂、缺失、失效为危急缺陷。

3. 处理方法

一般缺陷不作处理，加强观察，待停电检修时处理。

绝缘子锁紧销缺损

危急缺陷办理电力线路第二种工作票，进行带电登塔，补齐或更换锁紧销。

七、绝缘子均压环损坏

1. 缺陷描述

绝缘子均压环锈蚀、位移、损坏、螺栓松动、脱落、招弧角间隙脱落。

2. 缺陷判定

招弧角及均压环部分锈蚀、位移、损坏、螺栓松动为一般缺陷。

均压环脱落、招弧角间隙脱落为严重缺陷。

3. 处理方法

一般缺陷不作处理，加强观察，待停电检修时处理。严重缺陷时需要对损伤部分进行更换或补齐。

绝缘子均压环损坏

八、绝缘子掉串

1. 缺陷描述

绝缘子出现掉串现象。

2. 缺陷判定

掉串未造成事故（如双串绝缘子掉1串）为危急缺陷。

3. 处理方法

危急缺陷应立即进行停电换串或挂串处理。

绝缘子掉串（一）

绝缘子掉串（二）

第二节 **玻璃绝缘子**

一、玻璃绝缘子自爆

1. 缺陷描述

单片或多片玻璃绝缘子自爆。

2. 缺陷判定

一串绝缘子中单片玻璃绝缘子自爆
为一般缺陷。

玻璃绝缘子自爆（一）

一串绝缘子中有多片玻璃绝缘子自
爆，但良好绝缘子片数大于或等于带电
作业规定的最少片数（66kV 3 片，110kV
5 片，220kV 9 片，330kV 16 片，500kV
23 片，500kV 为单片绝缘子高度 155mm，
其他根据具体绝缘子高度片数相应调整，
750kV 见 DL/T 1060 中表 4 的规定）为
严重缺陷。

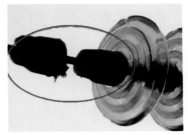

玻璃绝缘子自爆（二）

一串绝缘子中有多片玻璃绝缘子自
爆，且良好绝缘子片数少于带电作业规定的最少片数为危急缺陷。

3. 处理方法

一般缺陷时等待停电检修利用换瓶器更换新绝缘子。

严重、危急缺陷时需要办理电力线路第二种工作票，松弛绝
缘子后更换损坏的绝缘子，或整体更换新绝缘子串。

二、玻璃绝缘子损坏

1. 缺陷描述

玻璃绝缘子表面灼伤、钢脚变形、锈蚀、钢帽裂纹、锁紧销缺损。

2. 缺陷判定

出现玻璃绝缘子表面有明显灼伤痕迹、钢脚轻微变形、钢脚锌层损失，颈部开始腐蚀，锁紧销锈蚀变形等情况为一般缺陷。

玻璃绝缘子表面破损

出现钢脚明显变形，绝缘子铁帽锌层严重锈蚀起皮；钢脚锌层严重腐蚀在颈部出现沉积物，颈部直径明显减少，或钢脚头部变形；钢帽裂纹、锁紧销缺损等情况为严重缺陷。

锁紧销断裂、缺失、失效，钢帽裂纹的情况为危急缺陷。

3. 处理方法

出现一般缺陷时应对情况进行记录，待停电时进行消除。

出现严重缺陷时应对现场情况进行记录，并持续关注，根据实际情况选择带电消除或停电消除。

出现危机缺陷时根据实际情况选择带电消除或停电消除。

三、玻璃绝缘子均压环损坏

1. 缺陷描述

绝缘子均压环灼伤、均压环锈蚀、均压环移位、均压环损坏、均压环螺栓松、均压环脱落、招弧角间隙脱落。

2. 缺陷判定

均压环部分锈蚀、明显灼伤痕迹、均压环部分锈蚀、均压环移位、均压环损坏、均压环螺栓松为一般缺陷。

3. 处理方法

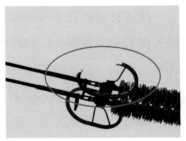

绝缘子均压环损坏

一般缺陷暂不做处理，加强巡视，防止恶化，待线路停电检修时再进行处理。

第三节　复合绝缘子

一、复合绝缘子灼伤，钢脚变形、锈蚀

1. 缺陷描述

复合绝缘子灼伤、老化、端部金具锈蚀、钢脚变形。

2. 缺陷判定

表面有灼伤痕迹，钢脚轻微变形，钢脚锌层损失，颈部开始腐蚀为一般缺陷。

复合绝缘子灼伤

严重灼伤，钢脚明显变形，绝缘子端部金具锌层严重锈蚀起皮；钢脚锌层严重腐蚀在颈部出现沉积物，颈部直径明显减少，或钢脚头部变形为严重缺陷。

3. 处理方法

一般缺陷时应加强观察，定期检测对比。

严重缺陷时办理电力线路第二种工作票，对损伤绝缘子进行更换。

复合绝缘子老化

二、复合绝缘子破损

1. 缺陷描述

复合绝缘子护套破损、伞裙破损、伞裙脱落、芯棒异常、芯棒断裂。

2. 缺陷判定

伞裙多处破损或伞裙材料表面出现粉化、龟裂、电蚀、树枝状痕迹等现象，伞裙有部分破损、老化、变硬现象为一般缺陷。

芯棒护套破损，伞裙多处破损或伞裙材料表面出现粉化、龟裂、电蚀、树枝状痕迹等现象，伞裙脱落，芯棒异常为严重缺陷。

芯棒断裂为危急缺陷。

3. 处理方法

一般缺陷时应加强观察，定期检测对比。

严重、危急缺陷时办理电力线路第二种工作票，对损伤绝缘子进行更换。更换时首先要对绝缘子进行卸力处理，而后再进行一对一更换。

复合绝缘子破损

红外拍摄下的芯棒发热

三、复合绝缘子均压环受损

1. 缺陷描述

复合绝缘子均压环锈蚀、灼伤、位移、损坏。

2. 缺陷判定

均压环部分锈蚀、明显灼伤痕迹，均压环部分锈蚀，均压环移位、损坏为一般缺陷。

3. 处理方法

一般缺陷时应加强观察，在停电检修时进行更换的方式处理。发现均压环位移影响线路运行安全时办理电力线路第二种工作票进行带电处理。

复合绝缘子均压环锈蚀、灼伤

复合绝缘子均压环损坏

四、复合绝缘子均压环螺栓松脱，均压环反装，金属连接处位移，掉串

1. 缺陷描述

复合绝缘子均压环螺栓松、均压环反装、均压环脱落、招弧角间隙脱落、金属连接处滑移、端部密封失效、掉串未造成事故（如双串绝缘子掉 1 串）。

复合绝缘子均压环损坏

2. 缺陷判定

均压环螺栓松为一般缺陷。

均压环反装、均压环脱落、招弧角间隙脱落、端部密封失效为严重缺陷。

金属连接处滑移，掉串未造成事故（如双串绝缘子掉 1 串）为危急缺陷。

复合绝缘子均压环缺少螺栓

3. 处理方法

一般缺陷时应加强观察，在停电检修时进行补齐、紧固的方式处理。

严重、危急缺陷时办理电力线路第二种工作票，对不合格的绝缘子或金具进行更换。

复合绝缘子均压环脱落

第四节　悬式绝缘子

一、地线悬式绝缘子污秽、灼伤，钢脚、锁紧销变形损坏

1. 缺陷描述

地线悬式绝缘子污秽、灼伤、锈蚀、破损，钢脚变形，锁紧销缺失。

2. 缺陷判定

绝缘子表面污秽程度严重，表面有明显灼伤痕迹，钢脚轻微变形，钢脚锌层损失，颈部开始腐蚀，个别绝缘子瓷件釉面出现破损，锁紧销锈蚀为一般缺陷。

地线悬式绝缘子钢脚变形

钢脚明显变形，锁紧销变形，绝缘子铁帽锌层严重锈蚀起皮；钢脚锌层严重腐蚀在颈部出现沉积物，颈部直径明显减少，或钢脚头部变形，部分绝缘子瓷件釉面出现破损为严重缺陷。

地线悬式绝缘子生锈

锁紧销断裂、缺失、失效为危急缺陷。

3. 处理方法

一般缺陷时应加强观察，在停电检修时进行清理、更换等方式处理。

严重缺陷时进行详细记录，并加强巡视，在影响到运行安全时应进行带电处理。

危急缺陷时办理电力线路第二种工作票或提出停电申请，对不合格的绝缘子或金具进行更换。

二、地线（光缆）悬式绝缘子倾斜，偏移值过大

1. 缺陷描述

地线（光缆）悬式绝缘子倾斜。

2. 缺陷判定

绝缘子串顺线路方向的倾斜角为（除设计要求的预偏外）7.5°~30°，且最大偏移值单串 40~150mm，双串 60~250mm 为一般缺陷。

绝缘子串顺线路方向的倾斜角（除设计要求的预偏外）大于 30°，且最大偏移值单串大于 150mm，双串大于 250mm 为严重缺陷。

地线悬式绝缘子倾斜

3. 处理方法

一般缺陷时应加强观察，根据倾斜变化程度判断是否处理。

严重缺陷时进行详细记录，并加强巡视，在影响到运行安全时应进行调整处理。一般情况通过调整线夹位置进行调整，调整后需对两侧地线弧垂进行观察。

第五章 金具

◎ 本章对输电线路金具的缺陷进行描述

◎ 金具常见的缺陷有锈蚀、磨损、变形、灼伤、偏移、断裂、脱落、松动、发热等

第一节 悬垂金具

一、悬垂线夹锈蚀、灼伤、磨损、偏移、断裂

1. 缺陷描述

船体锈蚀，挂轴磨损，挂板锈蚀，马鞍螺丝锈蚀、灼伤，釉表面灼伤，偏移、断裂。

2. 缺陷判定

线夹出现锌层（银层）磨损、内部腐蚀、不影响正常使用；表面有明显生锈（锈蚀、磨损后机械强度低于原值的70%），或连接不正确，有接触磨损；马鞍螺丝严重生锈，个别出现锈蚀鼓包、变形，但不影响电气性能或机械强度；有灼伤痕迹；位置有偏移等情况为一般缺陷。

悬垂线夹螺栓锈蚀

悬垂线夹船体锈蚀

线夹表面出现腐蚀物沉积；受力部位截面明显变小、严重磨损；影响正常使用；挂板锈蚀，开始出现麻面；个别出现锈蚀鼓包；马鞍螺丝严重生锈，出现较多的锈蚀鼓包；个别出现变形，影响电气性能或机械强度等情

况为严重缺陷。

线夹出现较多的锈蚀鼓包；个别出现断裂等情况为危急缺陷。

3. 处理方法

一般缺陷时应加强观察，定期检测对比。

严重、危急缺陷时办理电力线路第二种工作票或申请停电对损伤的悬垂线夹船体及挂板进行更换。

二、悬垂线夹螺栓脱落、断裂、缺失、失效，弹簧垫片缺失或受损

1. 缺陷描述

螺栓松动、脱落，缺螺帽、缺垫片，开口销缺损。

2. 缺陷判定

弹簧垫片未压平，缺垫片，垫片锈蚀、变形为一般缺陷。

弹簧垫片松动、挂板联接螺栓缺螺帽、船体挂轴缺平垫片为严重缺陷。

螺栓脱落、断裂、缺失、失效，锁紧销断裂、缺失、失效为危急缺陷。

3. 处理方法

一般缺陷时应加强观察，定期检测对比。

严重、危急缺陷时办理电力线路第二种工作票对损伤悬垂线夹螺栓进行更换。

开口销开口不全

开口销缺失

第二节 耐张金具

一、耐张线夹本体锈蚀、滑移，釉表灼伤

1. 缺陷描述

线夹本体锈蚀、釉表面灼伤、本体滑移。

2. 缺陷判定

锌层（银层）损失，内部开始腐蚀（锈蚀、磨损后机械强度低于原值的80%或连接不正确、产生点接触磨损），有灼伤痕迹为一般缺陷。

耐张线夹本体锈蚀

表面出现腐蚀物沉积，受力部位截面明显变小为严重缺陷。

线夹本体滑移为危急缺陷。

3. 处理方法

一般缺陷时应加强观察，定期检测对比。

严重、危急缺陷时办理电力线路第二种工作票，对线夹本体进行复位更换。

二、耐张线夹裂纹、发热

1. 缺陷描述

金具裂纹、发热。

2. 缺陷判定

相对温差 35%~80% 或相对温升 10~20℃为一般缺陷。

相对温差大于等于 80% 或相对温升大于 20℃为严重缺陷。

引流板裂纹为危急缺陷。

3. 处理方法

一般缺陷时应加强观察，记录是否恶化。

严重、危急缺陷时申请停电对耐张线夹引流板进行更换。

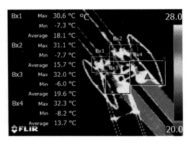

红外摄像下的金具发热

金具发热引起导电脂流出

三、耐张线夹压接管裂纹，管口导线滑动，钢锚锈蚀

1. 缺陷描述

压接管裂纹，管口导线滑动，钢锚锈蚀，受力部位截面明显变小。

2. 缺陷判定

锌层损失，内部开始腐蚀为一般缺陷。

压接管钢锚锈蚀（一）

表面出现腐蚀物沉积，受力部位截面明显变小为严重缺陷。

压接管裂纹为危急缺陷。

3. 处理方法

一般缺陷时应加强观察。

严重缺陷、危急缺陷时停电，对耐张线夹压接管进行重新压接更换。

压接管钢锚锈蚀（二）

四、铝包带松散、断股

1. 缺陷描述

铝包带出现断股、松散现象。

2. 缺陷判定

铝包带松散为一般缺陷。

铝包带断股为严重缺陷。

3. 处理方法

一般缺陷时应加强观察。

严重缺陷办理电力线路第二种
工作票，或停电检修时对线夹处铝
包带进行重新缠绕。

铝包带松散

五、螺栓松动、脱落，锁紧销缺损

1. 缺陷描述

弹簧垫片未压平、松动，螺栓松动、脱落，锁紧销缺损。

2. 缺陷判定

弹簧垫片未压平，锁紧销锈蚀、变形为一般缺陷。

弹簧垫片松动为严重缺陷。

螺栓脱落，锁紧销断裂、缺失、失效为危急缺陷。

3. 处理方法

一般缺陷时应加强观察，定期检测对比。

严重、危急缺陷办理电力线路第二种工作票对线夹螺栓进行更换紧固。

锁紧销缺损

螺栓松动

第三节 联接金具

一、U 型螺丝锈蚀、磨损、变形，缺螺帽，锁紧销断裂、缺失、失效

1. 缺陷描述

螺丝锈蚀、磨损，均压环灼伤，缺螺帽，锁紧销缺损。

2. 缺陷判定

锌层（银层）损失，内部开始腐蚀、轻微磨损，不影响正常使用；变形不影响电气性能或机械强度；有灼伤痕迹、锈蚀、变形为一般缺陷。

螺丝锈蚀

表面出现腐蚀物沉积，受力部位截面明显变小；严重磨损，影响正常使用；变形影响电气性能或机械强度；U型螺丝缺双螺帽为严重缺陷。

锁紧销断裂、缺失、失效为危急缺陷。

开口销缺损

3. 处理方法

一般缺陷时应加强观察定期记录对比情况。

严重缺陷时应对 U 型螺丝进行更换，更换时需对螺丝两侧松弛卸力。

危急缺陷应更换、补充完整。

二、U型挂环锈蚀、磨损、变形，缺螺帽，锁紧销断裂、缺失、失效

1. 缺陷描述

挂环锈蚀、磨损，均压环灼伤、变形，缺螺帽，销钉缺损。

2. 缺陷判定

锌层（银层）损失，内部开始腐蚀；轻微磨损，不影响正常使用；变形不影响电气性能或机械强度；有灼伤痕迹、锈蚀为一般缺陷。

挂环磨损

表面出现腐蚀物沉积，受力部位截面明显变小；严重磨损，影响正常使用；变形影响电气性能或机械强度；U型挂环缺螺帽为严重缺陷。

断裂、缺失、失效、变形为危急缺陷。

挂环锈蚀

3. 处理方法

一般缺陷时应加强观察，记录对比情况。

严重缺陷时应对U型挂环进行更换。

危急缺陷时应及时更换、补充完整。

三、挂板锈蚀、磨损、变形，锁紧销断裂、缺失、失效

1. 缺陷描述

挂板锈蚀、磨损、变形，锁紧销缺损。

2. 缺陷判定

锌层损失，内部开始腐蚀；轻微磨损，不影响正常使用；变形不影响电气性能或机械强度；有灼伤痕迹；锁紧销锈蚀、变形为一般缺陷。

挂板锈蚀

表面出现腐蚀物沉积，受力部位截面明显变小；严重磨损，影响正常使用；变形影响电气性能或机械强度为严重缺陷。

锁紧销缺失

锁紧销断裂、缺失、失效为危急缺陷。

3. 处理方法

一般缺陷时应加强观察。

严重、危急缺陷时办理电力线路第二种工作票或申请停电，对挂板及直角挂板进行更换。

四、YL 型拉杆锈蚀、磨损、变形

1. 缺陷描述

拉杆出现锈蚀、磨损、变形现象。

2. 缺陷判定

锌层损失，内部开始腐蚀；轻微磨损，不影响正常使用；变形不影响电气性能或机械强度；有灼伤痕迹为一般缺陷。

表面出现腐蚀物沉积，受力部位截面明显变小；严重磨损，影响正常使用；变形影响电气性能或机械强度为严重缺陷。

3. 处理方法

一般缺陷时应加强观察。

严重缺陷时应对 YL 型拉杆同直角挂板进行更换。

拉杆磨损

拉杆锈蚀

五、联板锈蚀、磨损

1. 缺陷描述

联板出现锈蚀、磨损现象。

2. 缺陷判定

锌层损失，内部开始腐蚀，轻微磨损，不影响正常使用为一般缺陷。

表面出现腐蚀物沉积，受力部位截面明显变小，严重磨损，影响正常使用为严重缺陷。

3. 处理方法

一般缺陷时应加强观察。

严重缺陷时应对联板同直角挂板进行更换。

联板锈蚀

联板磨损（一）

联板磨损（二）

第四节　保护金具

一、重锤缺损、锈蚀

1. 缺陷描述

重锤出现缺损、锈蚀现象。

2. 缺陷判定

重锤缺损、锈蚀为一般缺陷。

3. 处理方法

加强观察，待停电时处理。

重锤锈蚀

二、防振锤锈蚀、滑移、偏斜

1. 缺陷描述

防振锤出现锈蚀、滑移、偏斜现象。

2. 缺陷判定

防振锤锈蚀、滑移、偏斜为一般缺陷。

3. 处理方法

待停电检修时，进行重新安装和更换。

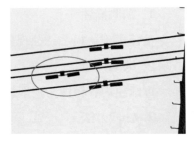

防振锤滑移

防振锤锈蚀

二、屏蔽环变形、脱落、损坏、锈蚀

1. 缺陷描述

屏蔽环出现变形、脱落、损坏、锈蚀现象。

2. 缺陷判定

屏蔽环变形、脱落、损坏、锈蚀为一般缺陷。

3. 处理方法

办理电力线路第二种工作票，带电处理，或线路停电检修时进行更换。

屏蔽环损坏脱落

四、相间间隔棒位移，子导线间隔棒损坏

1. 缺陷描述

相间间隔棒连接不牢固，出现松动、滑移现象；子导线间隔棒损坏。

2. 缺陷判定

间隔棒安装或连接不牢固，出现松动、滑移等现象为一般缺陷。

子导线间隔棒损坏为严重缺陷。

导线引流线间隔棒损坏

3. 处理方法

一般缺陷暂不处理，加强巡视，防止恶化。

严重缺陷申请停电，或线路停电检修时更换间隔棒。

导线间隔棒损坏

五、护线条变形、松散、破损、断股

1. 缺陷描述

护线条出现变形、松散、破损、断股现象。

2. 缺陷判定

护线条变形、松散、破损、断股为一般缺陷。

3. 处理方法

加强观察，防止情况恶化，待停电时处理。

护线条断股

第五节 接续金具

一、接续管弯曲、裂纹

1. 缺陷描述

接续管出现弯曲、裂纹现象。

2. 缺陷判定

接续管弯曲情况为一般缺陷。

接续管裂纹情况为危急缺陷。

3. 处理方法

一般缺陷时加强巡视观察。

危急缺陷时，根据实际情况判定是否需要停电处理。需重新对损伤的金具进行更换或修直。

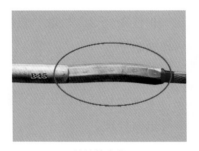

接续管弯曲

二、预绞丝散股、松股、缺失、断股

1. 缺陷描述

预绞丝出现散股、松股、缺失、断股现象。

2. 缺陷判定

预绞丝散股、松股、缺失、断股等情况为一般缺陷。

3. 处理方法

一般情况下不作处理，在磨损导线等情况时更换预绞丝。

导线预绞丝缺失

三、并沟线夹位移、缺损，螺栓松动

1. 缺陷描述

并沟线夹出现位移、缺损、螺栓松动现象。

2. 缺陷判定

并沟线夹位移、缺损、螺栓松动等情况为严重缺陷。

3. 处理方法

在情况严重出现断股时，及时更换或调整，并对地线光缆进行缠绕铝包带。

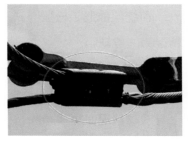

并沟线夹位移磨损

第六章 接地装置

◎ 本章对接地装置的缺陷进行描述

◎ 接地常见的缺陷有断开、变形、锈蚀、接地模块外漏等

一、接地体外露

1. 缺陷描述

接地体外露超过设计埋深值。

2. 缺陷判定

接地体外露部分小于设计值埋深的
40% 时为一般缺陷。

接地体外露部分大于等于设计值埋
深的 40% 时为严重缺陷。

3. 处理方法

一般缺陷和严重缺陷均需要开
挖回填到设计深度。

接地体外露

二、接地体埋深不够

1. 缺陷描述

接地体埋深低于设计值。

2. 缺陷判定

埋深为 40%~60% 设计值为一般缺陷。

埋深为 60%~80% 设计值为严重缺陷。

3. 处理方法

开挖回填到设计深度。

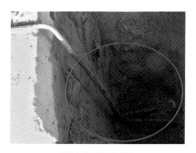

接地体埋深不够

三、接地体附近开挖

1. 缺陷描述

接地体附近出现人为开挖、动土
现象。

2. 缺陷判定

接地体附近开挖为一般缺陷。

3. 处理方法

对开挖部分进行恢复，重新回
填至基面高度。

接地体附近开挖

四、接地体锈蚀

1. 缺陷描述

接地体出现锈蚀现象。

2. 缺陷判定

锈蚀严重，直径低于导体截面原值的 80% 为一般缺陷。

锈蚀严重，直径介于导体截面原值的 80%~90% 为严重缺陷。

3. 处理方法

镀锌、喷漆做防腐处理，锈蚀严重时，报大修技改计划，进行更换。

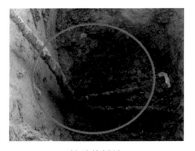

接地体锈蚀

五、接地体损伤

1. 缺陷描述

接地体有明显裂纹、断开。

2. 缺陷判定

接地体有明显裂纹为一般缺陷。

接地体断开为严重缺陷。

3. 处理方法

对开裂接地体进行焊接并埋至设计深度。

接地体损伤

六、引下线缺失、断开

1. 缺陷描述

引下线出现缺失、断开现象。

2. 缺陷判定

引下线缺失、断开为严重缺陷。

3. 处理方法

　按照原接地引下线型号进行补充更换。

接地引下线断开

七、引下线锈蚀

1. 缺陷描述

引下线锈蚀，剩余导体截面小于规定值。

2. 缺陷判定

引下线锈蚀，剩余导体的直径介于设计导体直径的 80%~90% 为一般缺陷。

引下线锈蚀严重，剩余导体的直径低于设计导体直径的 80% 为严重缺陷。

3. 处理方法

一般缺陷情况下采取镀锌喷漆，做防腐处理。

严重缺陷时更换引下线。

接地引下线锈蚀

八、接地螺栓锈蚀、缺失

1. 缺陷描述

接地螺栓锈蚀、缺失，受力部位截面明显变小。

2. 缺陷判定

锌层（银层）损失，内部开始腐蚀、滑牙为一般缺陷。

腐蚀进展很快，表面出现腐蚀物沉积，受力部位截面明显变小；接地螺栓缺失为严重缺陷。

3. 处理方法

镀锌喷漆做防腐处理，更换螺栓。

接地螺栓缺失

第七章　通道环境

◎　本章对线路走廊通道环境隐患
　　进行描述

◎　线路走廊通道环境常见的隐患
　　就是净空距离近，造成放电隐患

一、线路与地面距离不足

1. 缺陷描述

线路与居民区、非居民区、交通困难地区、山坡距离不足。

2. 缺陷判定

交跨距离为 90%~100% 规定值为一般缺陷。

交跨距离为 80%~90% 规定值为严重缺陷。

交跨距离小于 80% 规定值为危急缺陷。

3. 处理方法

一般缺陷时复测观察，防止恶化。

严重、危急缺陷时提大修技改计划，增加安全距离。

导线对地距离不足

导线对线路距离不足

二、线路与弱电线路、防火防爆设施距离不足

1. 缺陷描述

线路与弱电线路最小垂直距离不足，与防火防爆设施水平、垂直距离不足。

2. 缺陷判定

交跨距离为 90%~100% 规定值为一般缺陷。

交跨距离为 80%~90% 规定值为严重缺陷。

交跨距离小于 80% 规定值为危急缺陷。

导线对与弱电线路垂直距离不足

3. 处理方法

一般缺陷时对弱电线路进行改造，保证安全距离。

严重、危急缺陷时提大修技改计划，增加安全距离。

三、线路与交通设施、管道间距离不足

1. 缺陷描述

线路与交通设施、管道间距离低于规定值。

2. 缺陷判定

交跨距离为 90%~100% 规定值为一般缺陷。

交跨距离为 80%~90% 规定值为严重缺陷。

交跨距离小于 80% 规定值为危急缺陷。

线路与交通设施距离不足

3. 处理方法

一般缺陷时复测观察，防止恶化。

严重、危急缺陷时提大修技改计划，增加安全距离。

四、线路与河流、索道交叉或接近时距离不足

1. 缺陷描述

线路与河流、索道交叉或接近时水平、垂直距离不足。

2. 缺陷判定

交跨距离为 90%~100% 规定值为一般缺陷。

交跨距离为 80%~90% 规定值为严重缺陷。

交跨距离小于 80% 规定值为危急缺陷。

线路与河流垂直距离不足

3. 处理方法

一般缺陷复测观察，防止情况恶化。

严重、危急缺陷时提大修技改计划，增加安全距离。

五、线路与建筑物距离不足

1. 缺陷描述

线路与建筑物水平、垂直距离不足。

2. 缺陷判定

交跨距离为 90%~100% 规定值为一般缺陷。

交跨距离为 80%~90% 规定值为严重缺陷。

交跨距离小于 80% 规定值为危急缺陷。

3. 处理方法

下发隐患通知书，严禁线下盖房，严重时提大修技改计划，增加安全距离。

线路与建筑物水平距离不足

线路与建筑物垂直距离不足

六、线线路与树木间距离不足

1. 缺陷描述

线路与树木、林区间距离不足。

2. 缺陷判定

交跨距离为 90%~100% 规定值为一般缺陷。

交跨距离为 80%~90% 规定值为严重缺陷。

交跨距离小于 80% 规定值为危急缺陷。

3. 处理方法

对超高树木进行砍伐或削头，保证安全距离。

线路与树木距离不足（一）

线路与树木距离不足（二）

第八章　附属设施

◎ 本章对线路附属设施的缺陷进行描述

◎ 附属设施常见的缺陷有图文不清、破损、缺少挂错、内容差错、松动、脱落、元件缺失、方向扭转等

第一节 标志牌

一、杆号牌图文不清、破损、缺失、杆号牌挂错、内容差错

1. 缺陷描述

杆号牌（含相序、航空标志）图文不清、破损、缺失。

2. 缺陷判定

杆号牌（含相序、航空标志）图文不清、破损、缺少为一般缺陷。

杆号牌（含相序）挂错、内容差错为严重缺陷。

3. 处理方法

提杆号牌补充计划，及时更换。

杆号牌图文不清

相序牌缺少

杆号牌缺少

二、警告牌图文不清、破损、缺少、挂错、内容差错

1. 缺陷描述

警告牌出现图文不清、破损、缺少、挂错、内容差错现象。

2. 缺陷判定

警示牌图文不清、破损、缺少、挂错、内容差错为一般缺陷。

3. 处理方法

提警告牌补充计划，及时更换。

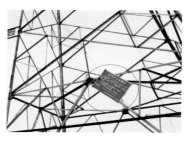

警告牌挂错

警告牌图文不清

警告牌缺失

第二节 其他

一、在线监测装置松动、脱落、缺失、方向扭转

1. 缺陷描述

在线监测装置松动、脱落、缺失、方向扭转，监测装置元件缺失。

2. 缺陷判定

信号采集箱松动、脱落，监测装置元件缺失，太阳能板松动、方向扭转、脱落为一般缺陷。

3. 处理方法

联系厂家，办理电力线路第二种工作票进行及时维护。

在线监测装置松动

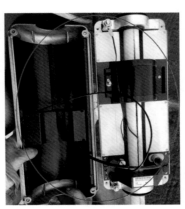

在线监测装置脱落

二、防雷设施损伤、缺件、缺螺栓

1. 缺陷描述

避雷器、避雷针损伤、缺件、缺螺栓。

2. 缺陷判定

避雷器动摇较明显、击伤、缺件、缺螺栓、计数器进水、计数器图文不清、计数器表面破损、计数器连线松动、计数器连线脱落、间隙破损、支架松动；避雷针松动、位移、脱落，不影响线路安全运行属于一般缺陷。

避雷器击伤

避雷器严重明显摆动、脱落、脱离器断开、支架脱落、炸开；避雷针松动、位移、脱落，影响线路安全运行属于严重缺陷。

避雷器馈线距离不足属于危急缺陷。

3. 处理方法

松动时办理电力线路第二种工作票进行消缺，损坏、缺少时报补充计划，联系厂家，及时维护。

三、驱鸟设施松动、损坏、缺失

1. 缺陷描述

驱鸟设施出现松动、损坏、缺失现象。

2. 缺陷判定

松动、损坏、缺失为一般缺陷。

3. 处理方法

松动时办理电力线路第二种工作票进行消缺，损坏、缺少时报补充计划，及时更换补充。

驱鸟设施松动